Romeet Kakar

Katheterablation bei Vorhofflimmern

GRIN Verlag

Bibliografische Information der Deutschen Nationalbibliothek:

Die Deutsche Bibliothek verzeichnet diese Publikation in der Deutschen National-
bibliografie; detaillierte bibliografische Daten sind im Internet über http://dnb.d-
nb.de/ abrufbar.

Impressum:

Copyright © 2011 GRIN Verlag, Open Publishing GmbH
Druck und Bindung: Books on Demand GmbH, Norderstedt Germany
ISBN: 978-3-656-20650-7

Dieses Buch bei GRIN:

http://www.grin.com/de/e-book/194851/katheterablation-bei-vorhofflimmern

GRIN - Your knowledge has value

Der GRIN Verlag publiziert seit 1998 wissenschaftliche Arbeiten von Studenten, Hochschullehrern und anderen Akademikern als eBook und gedrucktes Buch. Die Verlagswebsite www.grin.com ist die ideale Plattform zur Veröffentlichung von Hausarbeiten, Abschlussarbeiten, wissenschaftlichen Aufsätzen, Dissertationen und Fachbüchern.

Besuchen Sie uns im Internet:

http://www.grin.com/

http://www.facebook.com/grincom

http://www.twitter.com/grin_com

Hochschule für Angewandte Wissenschaften Hamburg
Hamburg University of Applied Sciences

Hausarbeit über:
Katheterablation bei Vorhofflimmern

Romeet Kakar
Humanbiologie I
Wintersemester 2010/11

Inhalt

1. Einleitung

Das Vorhofflimmern kommt in jedem Alter vor, wobei seine Häufigkeit mit zunehmendem Alter wächst. In der Klinik ist sie die mit Abstand am längsten anhaltende Form von Herzrhytmusstörung. Jährlich erkranken 0,4 % der gesamten Bevölkerung der BRD an Vorhofflimmern. Wobei mit zunehmendem Alter die Zahl auf 5 % ansteigt. Nicht nur der Betroffene leidet unter einen erheblichen Verlust der Lebensqualität, sondern die Gesundheitskassen kommen den Kosten langfristig nicht mehr hinterher.[9]

Die Inzidenz wird in den nächsten Jahren erheblichen steigen. Gründe hierfür sind zum Einen, dass wir aufgrund der medizinischen Forschung einen demografischen Wandel erleben, das heißt, dass die Lebenserwartung der Bevölkerung und dadurch die Anzahl älterer Menschen zunimmt. Zum Anderen überleben heute mehr Menschen eine kardiale Akutphase als noch vor wenigen Jahren. Auch dieser Faktor trägt dazu bei, dass die Anzahl der Erkrankten steigt. Es ist aufgrund dieser breitgefächerten Gründe mehr als Notwendig diese Erkrankung frühzeitig zu erkennen und gezielt zu therapieren.[9]

In meiner Hausarbeit werde ich zunächst die Grundlagen des Herzens, die Entstehung des Oberflächen-EKGs und das Vorhofflimmern ausführlich erläutern und werde dann aus medizintechnischer Sicht auf das Mapping-Verfahren, das zur Identifizierung des Auslösungsortes von Vorhofflimmern angewandt wird, eingehen. Hierbei möchte ich als Medizintechnikstudent den Interessenten nahe bringen, welche technischen Entwicklungen die Abschaffung der strahlenbelasteten röntgendurchleuchtenden Mapping-Systeme ermöglichte. Außerdem werde ich darauf eingehen, wie das Verfahren der Ablation funktioniert und welche Ablationstechniken uns heutzutage zur Verfügung stehen bzw. sich noch in der Entwicklung und Forschung befinden. Schwerpunktmäßig wird die Radiofrequenz-Ablation, die 1987 die Gleichstrom-Ablation ersetzte, ausführlich erläutert.

2. Grundlagen des Herzens

2.1 Aufbau und Funktion

Das Herz *(lateinisch: Cor)* ist ein muskuläres Hohlorgan, das für den Pumpvorgang des Blutes im Körper verantwortlich ist. Topographisch gesehen liegt es im Brustkorb hinter dem Brustbein gut gesichert in dem Herzbeutel (Perikard). Das Herz ist in vier "Räumen" aufgeteilt: der rechte Vorhof (Atrium), die rechte Kammer (Ventrikel), linker Vorhof und linke Kammer. Die beiden Herzhälften werden durch das Septum getrennt, wobei dieses in die Vorhofscheidewand und Kammerscheidewand unterteilt wird.[3]

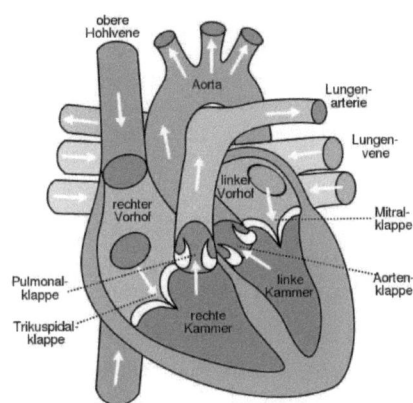

Abb. 1: Schematischer Aufbau d. Herzens

Damit das gepumpte Blut nicht zurückfließt und somit ein Stau in den Vorhöfen verhindert wird, besitzt das Herz vier Klappen, die die Funktion von Ventilen übernehmen. Um die Organe z. B. mit Sauerstoff zu versorgen, wird das arterielle Blut durch aufeinanderfolgende, rhythmische Schläge des Herzens im Körper gepumpt. Dieses Pumpen wird durch ein autonomes Reizleitungssystem des Herzens sichergestellt. Auf dem Herz befinden sich die Herzkranzgefäße, die mit arteriellem Blut gefüllt sind, um das Myokard mit Sauerstoff zu versorgen. Die Verkalkung dieser Kranzgefäße stellt den Herzinfarkt dar.

Das Herz eines gesunden, erwachsenen Menschen schlägt in Ruhe ca. zwischen 60-80/min, während bei einem Neugeborenen es 120-160/min sind. Das Herz ist genauso groß wie die eigene Faust und wiegt ca. 300 g. Pro Minuten werden ca. 4,9 l Blut durch den Körper gepumpt.[4] Es gehört zu den Organen, die in der Embryonalentwicklung als Erstes entstehen. Anatomen untereinander sehen dieses Organ als die Königin der Anatomie an. Selbst in der Vergangenheit hatte es eine zentrale Bedeutung in der Medizin gehabt.

Wiliam Harvey, ein britischer Arzt beschrieb 1628 das Herz folgendermaßen:

"Das Herz der Lebewesen ist der Grundstock ihres Lebens, der Fürst ihrer aller, der kleinen Welt Sonne, von der alles Leben abhängt, alle Frische und Kraft ausstrahlt. Gleicherweise ist ein König der Grundstock seiner Reiche und die Sonne seiner kleinen Welt, des Staates Herz, von dem alle Macht ausstrahlt, alle Gnade ausgeht. Diese Schrift hier über die Bewegung des Herzens habe ich Seiner Majestät (wie es Sitte dieser Zeit ist) um so mehr zu widmen gewagt, als [...] beinahe alle menschlichen Taten wie auch die meisten Taten eines Königs unter der Eingebung des Herzens sich vollziehen." [1]

2.2 Herzmechanik

Wie bereits erwähnt, hat das Herz die Aufgabe das Blut im Körper zirkulieren zu lassen. Um diese Aufgabe erfüllen zu können, besitzt es ein eigenes Reizleitungssystem, aus dem die mechanische Herztätigkeit hervorgerufen wird. Das venöse Blut wird durch die Vena Cava inferior und superior in den Vorhof geleitet und gelangt von dort durch die Diastole über die Trikuspidalklappe in das rechte Atrium, wobei sich dann der Vorhof entspannt.[5]

Nun ist das Blut in die rechte Kammer gelangt und wird jetzt durch den systolischen Druck - der etwa um das 5-Fache betragen kann - in die Arteria Pulmonalis gepumpt. *Anmerkung:* Wichtig zu erwähnen bleibt, dass die Bezeichnung **Arteria** Pulmonalis in diesem Zusammenhang eine Ausnahme darstellt, da venöses und nicht arterielles Blut durch dieses Gefäß strömt.
In der Lunge findet dann der Gasaustausch statt, der wie folgt abläuft: während das Kohlendioxid im Blut durch die Lunge an die Umgebung abgegeben wird, wird der Sauerstoff, das in die beiden Lungenflügel aufgenommen wurde, mit dem venösen Blut angereichert. Bei diesem Vorgang handelt es sich um den Lungen- bzw. kleinen Kreislauf.[4]

Da Organe - besser gesagt - die Zellen vom Sauerstoff leben, muss das mit sauerstoffangereichte Blut (arterielle Blut) durch die Organe wandern, um Zellatmung ausführen. Das durch die Lunge mit Sauerstoff angereichte Blut gelangt über die Venae Pulmonalis zurück ins Herz in den linken Vorhof.

Nun wird mit einem etwas höheren Druck im Vergleich zum rechten Vorhof das Blut über die Mitralklappe in das rechte Atrium gepumpt. Dabei entspannt sich der Vorhof und die

Mitralklappe verschließt sich, um einen Reflux zu verhindern. Nun wird das arterielle Blut in der Kammer in die Aorta und in immer feiner werdenden Arterien bis zu den Haargefäßen, den Kapillaren gepumpt. Wobei hier nun wieder ein Gasaustausch stattfindet. Sauerstoff wird an die umgebenden Zellen abgegeben, Kohlendioxid wird in das Blut aufgenommen.[2]

2.3 Reizleitungssystem

Zur Sicherstellung der Pumpfunktion besitzt das Herz ein autonomes Reizleitungssystem, das vom Sinusknoten ausgeht. Durch autonome Depolarisierung der Herzschrittmacherzellen im Sinusknoten wird ein Herzrhythmus von ca. 60 – 80 Schlägen/min gewährleistet, selbst nach Durchtrennung der zum Herz führenden Nervenfasern.[2]

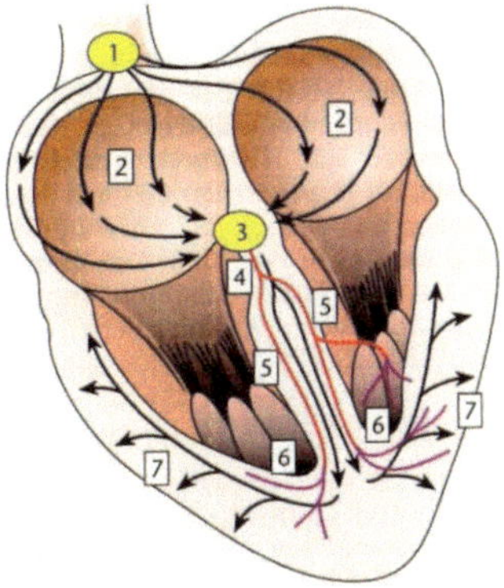

Zur Übertragung des Reizes werden Zellen benötigt, die das Signal vom Sinusknoten über Erregungsbahnen an weitere Herzmuskelzellen übertragen. Das Übertragen und Aufnehmen des Reizes wird durch spezielle Zellen erreicht, die über Gap Junctions elektromechanisch miteinander gekoppelt sind.[5]

Abb. 2: Schematische Darstellung Erregungsbildung

Zunächst wird der Reiz vom Sinus-Knoten (1) an das Vorhofmyokard [2] übertragen. Dabei kommt es zu einer vollständigen Erregung des Atriums. Im nächsten Schritt kommt der Reiz am AV-Knoten (3) an.

Da die Vorhöfe gegenüber den Kammern aufgrund der bindegewebigen Ventilebene elektrisch isoliert sind, sorgt der AV-Knoten dafür, dass der Reiz an das Kammermyokard übergeleitet wird. Wichtig zu erwähnen bleibt, dass durch die Übertragung des Reizes zum AV-Knoten die Leitungsgeschwindigkeit abnimmt.[5]

Durch die Erregungsverzögerung im AV-Knoten [4] wird sichergestellt, dass sich die Kammern vollständig während der Diastole mit Blut füllen können. Der AV-Knoten leitet die Erregung anschließend an das His-Bündel weiter, welche sich in zwei Ästen aufteilt:

der linke und rechte Tawara Schenkel $\boxed{5}$. Von dort aus gelangt der Reiz zu den Purkinje-Fasern $\boxed{6}$, welche das Kammermyokard erregen $\boxed{7}$.[5]

3. Entstehung des Oberflächen-EKGs

Das Elektrokardiogramm ist eine äußerst wichtige und aufklärende Untersuchungsmethode, die die Herzaktivität über einen Monitor oder auf einem Papierstreifen als Kurve darstellt. In der medizinischen Diagnostik wird dieses Verfahren, das durch Herrn Willem Einthoven ausschlaggebend verbessert worden ist, zur Feststellung von z. B. Herzrhythmusstörungen eingesetzt.

Im Herzen befindet sich ein eigenes Reizleitungssystem, das dafür verantwortlich ist, dass das Herz kontrahiert und im Körper Blut pumpt. Diese Reizentstehung und Weiterleitung wird mittels des EKGs aufgezeichnet.[10]

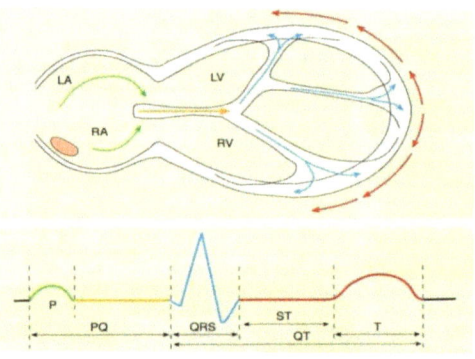

Abb. 3: Schematische Darstellung von Erregungsausbreitung und Erregungsrückbildung

Wie bereits besprochen, kommt es durch den Sinusknoten erst zu einer Vorhoferregung. Dies wird durch die P-Welle in der Abb. 3 dargestellt. Der Reiz wird auf den AV-Knoten übertragen und ist bekannt als die PQ-Zeit. Nun wird das Kammermyokard von dem Reiz angesprochen und erregt sich mittels des AV-Knotens. Die QRS-Strecke stellt dementsprechend die intraventrikuläre Erregungsausbreitung dar. Im Folgenden kommt es kommt es zu einer Erregungsrückbildung, die durch die ST-Strecke ausgeht und über die T-Welle beendet wird.[10]

Zur Aufzeichnung des Elektrokardiographs, werden Elektroden auf die Haut aufgebracht und darüber die Signale abgeleitet. Es wird in die bipolaren Ableitungen nach Einthoven I, II, III und unipolaren Ableitungen nach Goldberger (aVR, aVL, aVF) untergliedert. Hierbei stellen die Extremitätenableitungen (I, II, III, aVR, aVL, aVF) die elektrischen Vorgängen in der Frontalebene dar und messen die Potentialdifferenz zwischen zwei Elektroden.[5]

Hinzu kommen noch 6 weitere Ableitungen nach Wilson, die von der Brustwand abgeleitet werden. Diese unipolare Messung geben die elektrischen Ströme in der Horizontalebene an und ermöglichen mit den Extremitätenableitungen eine dreidimensionale Beurteilung des Summenvektors.

Die Darstellung des Elektrokardiographs lässt sich am besten mit der Vektortheorie erklären. Die P-Welle Verläuft von der Herzbasis bis zur Herzspitze. Es entsteht ein Vektor, der in Richtung der Herzspitze gerichtet ist. Im nächsten Schritt erfolgt die Q-Zacke, die einen negativen EKG-Ausschlag aufgrund des Vektors, der in Richtung der Herzbasis zeigt, aufweist. Die R-Zacke stellt die Erregung des Kammermyokards dar. Aufgrund einer großen Menge von gleichsinnig erregtem Myokard, ist sie die größte Zacke im EKG. Da der Vektor in Richtung der Herzspitze gerichtet ist, zeigt der Ausschlag in die positive Richtung.[10]

Im Folgenden kommt es zu einer vollständigen und gleichmäßigen Erregung des Ventrikelmyokards. Dies wird durch die ST-Strecke dargestellt. Anschließend muss sich das Myokard erholen, sodass es zu einer Repolarisation des Ventrikelmyokards kommt. Die Repolarisation fängt bei der subepikardialen und endet bei der subendokardialen Muskelschicht. Der Vektor zeigt dementsprechend erst in Richtung der Herzspitze und kehrt dann in Richtung der Herzbasis um. Dadurch kommt es zu einem Hügel im Elektrokardiograph, sodass die T-Welle die Kurve damit abschließt.[10]

4. Vorhofflimmern

4.1 Definition und Entstehung

Von Vorhofflimmern ist die Rede, wenn eine hochfrequente Impulsfolge die Vorhöfe mit über 350/min erregt. Anstelle der P-Welle entsteht eine ununterbrochene Folge von Flimmerwellen, die in Form, Dauer und Amplitude unterschiedlich sind. Dabei fehlt jede koordinierte, hämodynamisch wirksame Vorhoftätigkeit[5]. Moe und Abildskov deklarierten 1959 die multiple wavelet hypothesis als Hauptentstehungsmechanismus von Vorhofflimmern. Diese allgemein anerkannte Theorie besagt, dass hochfrequente Kreiserregungen (Reentry-Erregungen) im Bereich des Vorhofmyokards die Ursache für Vorhofflimmern darstellen[6]. Der Grund hierfür ist die gesteigerte Automatie der Vorhöfe, die dazu führt, dass nebst dem Sinusknoten andere Areale im Vorhof ebenfalls Erregungsreize ausbilden können[4]. Damit eine Erregungswelle in bereits kurz zuvor erregtes Vorhofmyokards eintreten kann, muss die Refraktärzeit in diesen Arealen verkürzt sein und es müssen verschiedene Refraktärzustände in verschiedenen Arealen im Bereich des Vorhofs vorliegen.

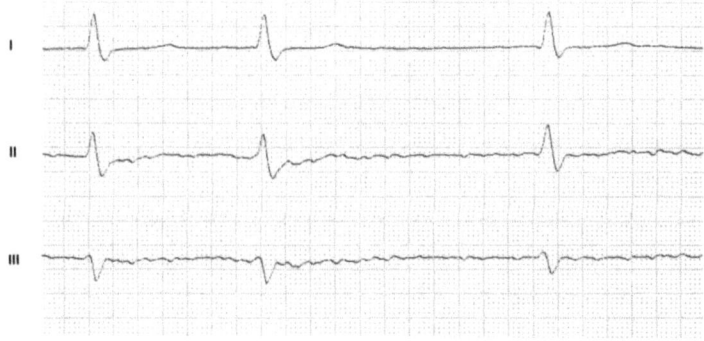

Abb. 4: EKG-Beispiel des Vorhofflimmerns

Typische Kennzeichen des Vorhofflimmerns, die in Abbildung 4 ersichtlich sind, sind folgende:
- In Form, Dauer und Amplitude ständig wechselnde Flimmerwellen
- Irregulärer Kammerrhythmus
- Beibehaltung der Grundform der Kammer-EKG[10]

4.2 Klassifikation von Vorhofflimmern

Aufgrund der Besprechung verschiedener therapeutischer Strategien wird die Definition der verschiedenen Formen von Vorhofflimmern vorangestellt. Aus diesem Grund ist eine allgemeine Klassifikation der verschiedenen Erscheinungsformen dieser Rhythmusstörung mehr als wünschenswert. Bei der klinischen Klassifikation des VHF, beschränken sich

Camm und Fuster auf drei Gruppen, deren Definition auf zeitlichem Verlauf und Therapieentscheidung basiert:

- Das **paroxysmale Vorhofflimmern** tritt spontan ein. Die Dauer des VHF kann Minuten, Stunden oder gar Tage betragen. Typisches Merkmal ist, dass sie rezidivierend auftritt (≥ 2 Episoden). Erlös dieser Arrhythmie wird durch eine spontane Kardioversion hervorgerufen.

- Das **persistierende Vorhofflimmern** hält entweder länger als 7 oder weniger als 7 Tage. Eine Pharmakologische oder elektrische Kardioversion ist hierbei zur Terminierung notwendig.

- Beim **permanenten Vorhofflimmern** ist die Therapie der Wahl eine Kontrolle der Kammerfrequenz und eine Antikoagulation. Sowohl eine pharmakologische Behandlung als auch eine elektrische Kardioversion kann diese Arrhythmie mit einer Dauer von länger als ein Jahr nicht zum Erfolg bringen[9].

4.3 Inzidenz und Prävalenz von Vorhofflimmern

Das Herz schlägt pro Minute ca. 80 Mal pro Minute. Hochgerechnet auf den Tag sind es ca. 115.200 Schläge und im Laufe eines 80-jährigen Lebens sind es ca. 3 Mrd. Schläge, die das Herz ununterbrochen leistet. Kommt es mal zu einer unregelmäßigen Herzaktivität, kann man dies vernachlässigen. Doch sollte das Herz völlig aus dem Takt geraten, ist das ernst zu nehmen.

Das Vorhofflimmern ist mit Abstand die in Klinik und Praxis häufigste Erscheinungsform von Herzrhythmusstörungen. Vorhofflimmern tritt Altersunabhängig bei Patienten mit und ohne strukturelle Herzerkrankung mit einer Gesamtinzidenz von 0,4 % und steigt mit zunehmendem Alter auf über 5 % auf[9]. Sie wird daher Arrhythmie des alten Menschen angesehen.

In der Frammingham - Studie von Kannel und Mitarbeiter wurden 5209 Patienten über 22 Jahre im Hinblick auf VHF untersucht. Das Ergebnis bestätigte die Annahme, dass mit steigendem Alter das Vorhofflimmern zunimmt. Festzuhalten bleibt, dass bei einer kardialen Grunderkrankung das Risiko für Vorhofflimmern stark erhöht ist[6]. Z. B. bei

Patienten mit einer klinisch-manifester-Herzinsuffizienz konnte VHF bei 40 % der Patienten festgestellt werden[7].

Einer der wichtigsten Ursachen für die erhöhte Inzidenz ist der demografische Wandel. Die Lebenserwartung der Bevölkerung nimmt zu und damit auch die Anzahl älterer Menschen. Auf der anderen Seite ist es den medizinischen Fortschritten zu verdanken, dass eine kardiale Akuterkrankung - z. B. Myokardinfarkt - heute besser behandelt werden kann als vor mehreren Jahren[9]. Die Inzidenzerhöhung bei Vorhofflimmern hat viele Ursachen und Gründe, die ernst zu nehmen sind.

Vorhofflimmern stellt eine wichtige Ursache für erhöhte Morbidität, Mortalität sowie für erhöhte Behandlungskosten bei Patienten mit verschiedenen kardiovaskulären Erkrankungen dar. Vor diesem Hintergrund ist die intensive Suche nach neuen Behandlungsverfahren mehr als notwendig[7].

4.4 Diagnostik

Ein unregelmäßiger oder zu schneller Puls sind typische Anzeichen für das Vorhofflimmern. Im Rahmen der körperlichen Untersuchung kann man bereits bei der Palpation und Auskultation diese Arrhythmie feststellen. Um den daraus gewonnen Verdacht zu bestätigen, kann man mit Hilfe des EKGs das Vorhofflimmern darstellen. Auffällig hierbei ist, dass die P-Wellen fehlen, aber stattdessen Flimmerwellen (s. Abb. 4) zu erkennen sind.

Außerdem sieht man im Elektrokardiograph, dass der QRS-Komplex aufgrund der unregelmäßigen Überleitung der Vorhöfe auf die Kammer sehr arrhythmisch ist[6]. Während das permanente VHF im EKG leicht darstellbar ist, muss beim persistierenden VHF das Langzeit-EKG zum Einsatz kommen. Dabei wird der Patient an einem mobilen Elektrokardiogramm angeschlossen, das er 24-48 Stunden mit sich trägt.

Außerdem besteht die Möglichkeit mittels eines Event-Recorders, der im Körper implantiert wird, über Jahre die Herzaktivität bezüglich der Vorhöfe aufzuzeichnen[7]. Einsatzgrund hierfür ist, dass das persistierende VHF zwischenzeitlich einen normalen Sinusrhythmus aufweist und daher über einen längeren Zeitraum aufgezeichnet werden muss. Außerdem kann zur Feststellung des VHF auch ein Belastungs-EKG abgeleitet werden, um bei einer höheren Leistung des Herzens die Funktionalität und das Vorkommen von tachykarden Episoden kenntlich zu machen[3].

4.5 Therapiebedürftigkeit

Der Wegfall der normalen Vorhoftätigkeit hat für das Herz in unbelasteten Zustand keine Auswirkungen. Doch unter Belastung verursacht das VHF eine Abnahme des Herzminutenvolumens, die bis zu 30 % betragen kann. D. h. es wird innerhalb einer Minute weniger Blut über die Aorta ascendens in den Körper gepumpt. Dies führt dazu, dass Betroffene körperlich oft schlecht belastbar sind, durch Belastung Atemnot spüren, Brustschmerzen hinzukommen oder Synkope auftreten. Kommt jedoch Tachyarrhytmie hinzu, so kann es zu einer langandauernden Angina Pectoris kommen[6].

Was die gesundheitlichen Risiken angeht, kann das VHF - wenn es nicht behandelt wird – zur Dilatation der Herzens, Reduktion der linksventrikulären Funktion und manifester Herzinsuffizienz führen. Durch die Abnahme der Fließgeschwidigkeit des Blutes im Vorhof kann es zu Thrombenbildung kommen. Wenn diese in das Gefäßsystem gelangen, können Sie zu Embolien führen. Wenn das Gehirn davon betroffen ist, kann es sogar zu einem Schlaganfall kommen[7].

Ein weiteres, ebenfalls ernst zu nehmendes Problem, stellt die Tachyarrhytmia absoluta. Hierbei wird das Vorhofflimmern schnell und unregelmäßig auf die Kammern übergeleitet, was auf Dauer eine Schwächung des Herzens hervorruft.[6] Die Gründe zur Behandlung des Vorhofflimmerns sind vielfältig, doch ein wichtiger Gesichtspunkt ist, dass diese Erkrankung schwerwiegende Symptome mit sich bringt, die die Lebensqualität einschränken und daher ist es mehr als notwendig das Vorhofflimmern abzuschalten.[7]

5. Das Mappingverfahren

5.1 Allgemeines

Mit Hilfe des Elektrokardiographs kann man die Art und den Ausmaß der Rhytmusstörungen relativ genau ermitteln. Doch um eine präzisere Ortsangabe der arrythmogenen Areale anzugeben, wird ein Mapping des Herzens durchgeführt. Mit Hilfe von Mapping-Kathetern wird durch eine kartographische Darstellung des Herzens die elektrischen Erregungsleitungen von verschiedenen Arealen abgeleitet und am Bildschirm dargestellt. Liegt z. B. eine fokale Vorhoftachykardie vor, wird eine Landkarte durch das Mapping von diesem Areal erstellt. Im Prinzip wird die Ablationsstelle millimetergenau ermittelt, damit bei der Katheterablation keine irrelevanten Bereiche im Herzen angegriffen werden. Dies trägt zur Erhöhung der Erfolgsquote in der Behandlung bei.[11]

Je nach Art und Umfang der Rhytmusstörungen werden verschiedene Mapping-Verfahren angewandt. Während zur Identifizierung des Ursprungsortes der Rhytmusstörungen das sogenannte "Aktivierungs-Mapping" angewandt wird, wird zur Darstellung der elektrokardiographischen Landkarte das "Pace-Mapping" eingesetzt. Als letzte und dritte Variante steht uns das "Entrainment Mapping" zur Verfügung, das den Auslösungsort von Tachykardien mit einem Reentry-Mechanismus darstellt.[11]

Gerade bei komplexen Tachykardien ist es sehr vorteilhaft, ein dreidimensionales Map des Herzens darzustellen. Daher werden im Folgenden die beiden am häufigsten angewendeten Mappingsysteme CARTO®- und das EnSite-NavX®-System vorgestellt.

5.2 Aktivierungs-Mapping

Beim Aktivierungs-Mapping wird eine intrakardiale EKG-Aufzeichnung an möglichst vielen betroffenen Stellen des Herzens abgeleitet. Mit einem Katheter wird das Endokard Punkt für Punkt abgetastet. Während man dies früher unter Röntgen-Durchleuchtungskontrolle vorgenommen hat, werden heutzutage Systeme eingesetzt, die z. B. mit Magnetfeldsensoren oder Feldern arbeiten und das Röntgengerät somit ersetzt haben.

Das betroffene arrythmogene Segment wird nacheinander abgetastet, wobei die Position des Katheters gleichzeitig ermittelt wird. Das gewonnene Elektrogramm wird bezüglich seiner Aktivierungszeit beurteilt. Um die zeitliche Differenz zwischen zwei Elektrogrammen beurteilen zu können, wird eine Referenzzeit zwischen diesen Beiden Punkte eingesetzt. Explizit wird die Zeitspanne vom Beginn der Erregung bis hin zum QRS-Komplex (Deltawelle) im Oberflächen-EKG gemessen. Die erste intrakardiale ventrikuläre gemessene Erregung entspricht der zusätzlichen Einmündung einer Leitungsbahn vom Atrium ausgehend und dient daher als Ablationsstelle.

Um ein vollständiges fokales Areal abzuschalten, werden mehrere Punkte im betroffenen Segment des Endokards - wie oben beschrieben - abgetastet.[11]

5.3 Pace-Mapping

Wie aus dem Begriff "Pace-Mapping" zu entnehmen, werden bestimmte Areale mit einem Katheter durch elektrische Impulse stimuliert und dabei die räumlichen Informationen und die elektrischen Erregungen aufgezeichnet. Ein Aktivierungs-Mapping, das nicht nur im Sinusrhytmus oder während einer Rhytmusstörung durchgeführt wird, sondern auch zusätzlich unter Stimulation, wird als Pace-Mapping bezeichnet. Hierbei kommt ein zweiter Katheter zum Einsatz, der als Stimulator dient und bestimmte Punkte im Endokard künstlich erregt. Während mit dem einen Katheter die Messung und die Position des arrythmogenen Punktes vorgenommen wird, wird mit dem zweiten Katheter durch Elektrostimulation eine künstliche Erregung hervorgerufen. Hierbei wird mit dem Stimulationskatheter die Stelle gesucht, bei der die Erregung am QRS-Komplex ankommt. Mit dem Punkt der frühesten Erregung des Ventrikels, wird die Ablationsstelle - wie beim Aktivierung-Mapping - festgelegt.

Im Unterschied zum Aktivierungs-Mapping wird hierbei auch das abgeleitete Oberflächen-EKG aufgezeichnet. Diese Aufzeichnung wird mit dem intrakardial abgeleiteten EKG verglichen, um den Entstehungsort der Rhytmusstörung zu identifizieren. Um z. B. einen ektopen Herd, der als Auslösers einer ventrikulären Tachykardie bekannt ist, ausfindig zu machen, wird zusätzlich zum intrakardialen EKG das Oberflächen-EKG aufgezeichnet. Es werden nun die QRS-Komplexe beider EKG-Aufzeichnungen auf morphologischer Hinsicht miteinander verglichen. Stimmen die QRS-Komplexe in allen zwölf Ableitungen überein, so kann man festhalten, dass der

Erregungsort und die Erregungsausbreitung in der Kammer während der Stimulation über den Katheter und der Tachykardie identisch sind. Der Katheter befindet sich demnach am Erregungsort der Tachykardie.

Ein Pace-Mapping wird nur dann angewandt, wenn die Tachykardien nur sporadisch auftreten. Außerdem kann dieses Verfahren auch dann eingesetzt werden, wenn das Aktivierungs-Mapping während einer Tachykardie nicht möglich ist.[11]

5.4 Entrainment-Mapping

Während das Aktivierungs- und Pace-Mapping die Aktivierung und die Erregungsausbreitung des Reizes anatomisch zuordnet, wird beim Entrainment-Mapping geprüft, ob sich der Katheter in einem Areal in dem kreisende Erregungen entstehen, befindet. Wie bereits besprochen, können Reentry-Tachykardien nur dann entstehen, wenn bestimmte Areale sich zusätzlich zum SA-Knoten zur Erregungsbildung verselbstständigen und wenn die Refraktärzeiten dieser voneinander abweichen. Dies ist z. B. beim Vorhofflimmern der Fall. Zum besseren Verständnis wird das Pace-Mapping anhand dieser Rhytmusstörung verdeutlicht.

Zur Auffindung der arrythmogenen Stellen wird während der EPU künstlich eine Reentry-Tachykardie ausgelöst. Das Entrainment-Mapping dient dazu, die Zone herauszufinden, aus der die kreisende Tachykardie ausgeht. Dies ist notwendig, damit der Entstehungsort dieser ungewollten Erregungsausbreitung ausfindig gemacht werden kann.

Im Grunde wird der Map-Katheter an die Stelle der langsam leitenden Zellen im Vorhof positioniert. Nun werden mit dem Katheter fünf bis acht Stimulationen kurzfristig an die arrythmogenen Stellen abgegeben. Das Stimulationsintervall ist 20 ms – 50 ms kürzer als das Intervall der Vorhoferregung durch die Reentry-Tachykardie.

Durch das verkürzte Stimulationsintervall wird eine Ausschaltung der Reentry-Tachykardie verhindert. Ist die Zeitspanne vom letzten Stimulationsimpuls gleich lang wie die des nachfolgenden Stimulationsimpulses der Reentry-Tachykardie, so ist das ein Zeichen dafür, dass der Katheter sich im Areal der kreisenden Erregungen befindet. Würde der Map-Katheter außerhalb dieses Bereichs liegen, so würde man eine längere

Zeitspanne, vom letzten Stimulationsimpuls bis zur nächstfolgenden Vorhofstimulation, messen.

5.5 CARTO®-System

Bei den Mapping-Verfahren bestand jahrelang das Problem der Strahlenbelastung durch die permanente Röntgenkontrolle zur Identifizierung der Position des Katheters. Außerdem bestand das Problem bei der Röntgendurchleuchtung darin, dass eine exakte Angabe der Katheterposition nicht gemacht werden konnte.

Mit dem CARTO®-System erfolgt die Positionierung des Spezialkatheters mit Hilfe eines Magnetfeldsensors, der unterhalb des Patienten angebracht ist. Ein weiterer Sensor, der auf dem Rücken des Patienten aufgeklebt wird, dient als Referenzpunkt für das künstliche erzeugte Magnetfeld und ermöglicht dadurch eine ziemlich exakte Angabe der Position der Katheterspitze in alle drei Raumrichtungen (X, Y und Z) des Herzens.

Nach dem Einführen des Katheters wird das Herz abgetastet, sodass ein dreidimensionales Herzmodell mit Farbkodierung der Aktivierungssequenz am Bildschirm ausgegeben wird. Zusätzlich zu räumlichen Informationen werden auch Daten über die elektrischen Erregungen bestimmter Areale übermittelt, sodass dadurch eine elektrische Kartographie in 3D erstellt wird. Aufgrund der erheblichen geringen Strahlenbelastung findet dieses Verfahren in der Praxis immer häufiger seinen Einsatz.[9, 8]

5.5.1 Technischer Hintergrund

Der Magnetfeldsensor besteht aus drei Magneten (M_1, M_2 und M_3), die mit einer Wechselspannung versorgt werden, damit drei magnetische Wechselfelder entstehen. Die Katheterspitze enthält einen Sensor in dem drei Spulen senkrecht zum Magnetfeld angeordnet sind. Befindet sich der Katheter innerhalb des Magnetfelds, so wird an jeder Spule eine messbare Spannung induziert. Mit Hilfe von komplexen mathematischen Algorithmen, kann man die magnetische Flussdichte ($\vec{B}$) berechnen und aus diesen gewonnenen Daten die Entfernung des Katheters vom Sensor angeben. Durch Abtasten wird eine anatomische Rekonstruktion des Herzens dargestellt, dessen Auflösung abhängig von den gemappten Punkten und der Entfernung zwischen diesen Punkten ist.[8]

5.5.2 Klinische und experimentelle Ergebnisse

Für die experimentelle Auswertung wurden sowohl in-vitro als auch in-vivo Untersuchungen durchgeführt. Diese ergaben eine relative genaue Ortung der arrythmogenen Areale. Das CARTO®-System lieferte bei der Bestimmung der räumlichen Distanz zwischen den einzelnen Punkten einen Fehler unter 1 mm (in-vitro: 0,42 ± 0,05 mm; in vivo 0,73 ± 0,03 mm). Außerdem stellt das Verfahren eine ziemlich gute Reproduzierbarkeit jeder Katheterposition dar. Die Abweichung lag hierbei in-vitro bei ca. 0,16 ± 0,02 mm und in-vivo 0,74 ± 0,05 mm. Die Auflösung hängt von der Anzahl der gemappten Punkte ab. Bei den Untersuchungen lag sie bei 40-60 Punkten, was eine Zeitdauer von ca. 10-15 Punkte/min beansprucht hat. Was die Genauigkeit angeht und vor allem die in Anspruch genommene Zeit, lässt sich sagen, dass das Gerät für den Klinikalltag geeignet ist.[8]

Da der Sinuatriale-Knoten der am besten definierte physiologische Erregungspunkt ist, wurde dieser für die klinische Auswertung mit dem CARTO®-System untersucht, um die Zuverlässigkeit dieses Verfahrens zu evaluieren. Bei allen Patienten, die sich zu Forschungszwecken diesem Verfahren gegenüberstellten, konnte der Sinusknoten ohne Komplikationen und mit geringer interindividueller Variabilität lokalisiert werden. Die Mappingzeit mit 53 gemappten Punkten betrug ca. 15 Minuten pro Patient.[8]

5.5.3 Aussicht

Das CARTO®-System ist das meisteingesetzte Verfahren in der Klinik, das bei elektrophysiologischer Diagnostik und Therapie bei therapieabweisenden tachykarden Rhytmusstörungen eine vielversprechende neue Methode darstellt. Da dieses Verfahren im Gegensatz zu herkömmlichen Verfahren nicht nur die elektrische Aktivität einzelner Areale bestimmen kann, wird mit dem CARTO®-System eine dreidimensionale Rekonstruktion des Herzens dargestellt, was bei komplexen tachykarden Rhytmusstörungen einen erheblichen Vorteil bezüglich der Diagnostik und gezielter Therapie bietet. Ein ebenfalls nicht zu vergessener Vorteil ist, dass dieses System mit der

Radartechnik arbeitet und sowohl den Patienten als auch den behandelnden Arzt vor Strahlung schützt.[8]

5.6 EnSite NavX®-System

Im Gegensatz zum CARTO®-System ist bei diesem Verfahren der Vorteil, dass keine speziellen Katheter benötigt werden. Hierfür wird am Patienten in allen drei Raumrichtungen jeweils ein Elektrodenpaar angebracht, wobei zwischen diesen abwechselnd ein niederamplitudiges 5,6 kHz-Feld angelegt wird. Jeder Standardablationskatheter, der mit dem EnSite NavX®-System verbunden ist, kann das angelegte Feld messen. Die Ermittlung der Position der Katheterspitze erfolgt nach dem Prinzip des Spannungsteilers, der die Strecke zwischen den Elektrodenpaaren misst und am Bildschirm ausgewertet ausgibt. Da die Abtastrate bei 93 Hz liegt, ist die Darstellung der Katheterposition nahezu in Echtzeit möglich. Auch bei diesem Verfahren wird durch Abtasten die dreidimensionale Struktur des Herzens samt der elektrischen Kartographie dargestellt.[9]

Außerdem kann ein Basket-Katheter angeschlossen werden. Am distalen Ende des Katheters befindet sich ein entfaltbarer Ballon mit 64 Elektroden, der eine korbähnliche Geometrie einnehmen kann. Diese Elektroden erfassen die Spannungsänderung im Endokard während einer Depolarisation. Der Vorteil bei diesen Kathetern ist, dass eine Berührung mit dem Endokard für die Erfassung der Elektrogramme nicht erforderlich ist. Jedoch darf der Abstand zwischen dem Ballonkatheter und Endokard nicht größer als 3-4 cm betragen, da dadurch die Messgenauigkeit abnimmt. Zur Lokalisierung des Katheters wird ein 5 kHz Signal über einen Verstärker vom Katheter abgegeben und von den drei weiteren Ringelektroden am Ballonkatheter empfangen und an den Verstärker zurückgeleitet. Dies dient dazu, die Position des Katheters während der Abtastung Punkt für Punkt zu orten. Durch ein sehr komplexes mathematischen Verfahren (inverse Laplace Transformation), können die 3000 virtuell aufgezeichneten Elektrogramme errechnet und gleichzeitig ausgegeben werden. Der Untersucher kann per Mausklick in der anatomischen Karte die arrythmogene Stelle aufrufen und bewerten lassen.

Angesicht dieser Tatsache genügt bei diesem Verfahren nur eine kurze Aufzeichnung der Tachykarden Episode, um die genaue Erregungsausbreitung des betroffenen Areals und den Verlauf der Erregung dreidimensional darzustellen. Daher bietet dieses Non-Contact-Mapping-System einen entscheidenden Vorteil bei Untersuchungen mit schnellen, hämodynamisch wirksamen Tachykardien.[11]

6. Katheterablation

6.1 Allgemeines

Die beiden wichtigsten Behandlungsziele beim Vorhofflimmern sind zunächst einmal die Normalisierung der Kammerfrequenz und die Bestrebung der vollständigen Beseitigung des VHFs.[6] Durch die Katheterablation wird das zuvor ermittelte Gewebe, das zu Vorhofflimmern führt, durch Hochfrequenzbehandlung, Kryoablation, Ultraschall, Lasertechnik etc. in Ruhe gesetzt.[11] Die wichtigste Methode ist jedoch die Hochfrequenzablation. Hierbei wird mit Hilfe von Strom, der durch den Katheter mit einer Frequenz von 350 - 700 kHz fließt, das betroffene Gewebe zerstört.[11]

Schon seit Jahren wendet man diese Methode an. Erst hat man jedoch die Gleichstromablation genutzt, aber aufgrund der größeren Myokardnekrosen, der erheblichen Barotrauma und einer elektrischen Schädigung des Herzmuskels, kam es zu schwerwiegenden Komplikationen. Dieses Problem wurde 1987 mit Hilfe der RF-Ablation beseitig.[11]

6.2 Ablationsverfahren

Es gibt viele Verfahren, die in der Katheterablation angewandt werden. Jedoch ist die RF-Ablation die gängigste und am meisten erforschte Methode. Sodass im Folgenden der Schwerpunkt auf dieses Verfahren gelegt wird. Weitere Verfahren, die noch in der Erprobungsphase sind, werden hier nur kurz vorgestellt, da erst Forschungsberichten abgewartet werden muss.

6.2.1 RF-Ablation

Unter RF versteht man Radiofrequenz, wobei das Frequenzband bei 300 – 750 kHz liegt. Man arbeitet bei dieser Methode mit Wechselstrom. Dabei werden durch Aussenden von elektrischen Impulsen bestimmte Areale auf dem Herz mit thermischer Erwärmung zerstört.[12]

Dieses Verfahren wird zum Durchtrennen der akzessorischen Bahnen beim Wolff-Parkinson-White Syndrom, zur AV-Knoten Ablation bei AV-Knoten Reentry Tachykardien, zur Ablation von atrialen und ventrikulären Tachykardien sowie zur Therapie von Vorhofflimmern und Vorhofflattern angwandt.[12]

Da das Einsatzgebiet relativ breit ist, ist dieses Verfahren das bekannteste und meist eingesetzte. Um die abgegebene Energie unter Kontrolle zu halten, wird während der Ablation die Leistung (P = U $\cdot$ I), die Impedanz ($Z = \frac{U}{I}$) und die Temperatur als Verlaufskurve ständig gemessen ausgegeben.[12] Der bestimmende Faktor der Nekrosebildung ist die Wärmemenge Q, die an das Gewebe bei der Ablation abgegeben wird. Durch die Hitze wird das Wasser im Gewebe ausgetrocknet und eine Denaturierung der Proteine hervorgerufen. Die Wärmemenge Q ist abhängig vom fließenden Strom I, vom komplexen Widerstand Z und der Dauer T der Wärmeabgabe.[12]

Es gilt folgender Zusammenhang: $$Q = I^2 \cdot Z \cdot T$$

Die Radiofrequenzenergie wird in der Chirurgie schon seit Jahren zur Blutstillung eingesetzt. Die Wirkung der Elektrokoagulation beruht auf die thermische Energie, die vom Katheter abgegeben wird. Dadurch wird das blutende Gewebe durch die entstehende Wärme erstens koaguliert und zweitens wird das Gewebe dadurch zerstört. Diesen thermischen Effekt nutzt man daher bei der Katheterablation, um defektes Herzgewebe zu zerstören und leitunfähig zu machen.[11] Erst wenn das zu zerstörende Gewebe eine Temperatur von 48° C annimmt, wird dem Myokard Wasser entzogen, sodass die Zellen zusammenschrumpfen und das Gewebe somit verödet wird. Dadurch kommt es zu einer Nekrose und die vom Katheter erhitzten Zellen sterben ab. Daraus folgt, dass das geschädigte Gewebe keine elektrische Leitfähigkeit mehr besitzt und somit können die Rhytmusstörungen nicht mehr auftreten.

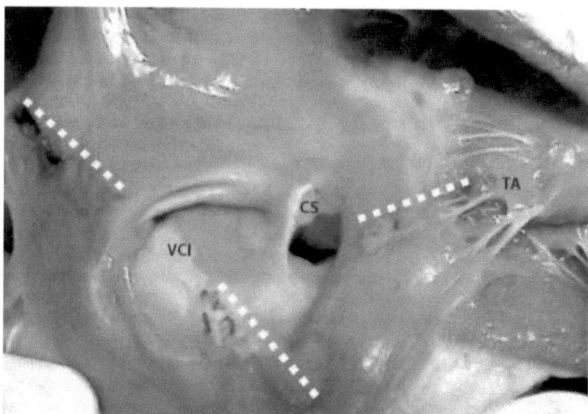

Abb. 5: geöffneter Vorhof eines Schafherzens nach experimenteller RF-Ablation

Abbildung 5 zeigt Läsionen eines Schafherzens nach einer RF-Ablation. Hierbei sieht man sehr deutlich, welches Ausmaß die Zerstörung des Gewebes inne hat.[11]

6.2.1.1 RF-Ablation leistungsgesteuert

Bei der leistungsgesteuerten RF-Ablation kann die abzugebende Leistung durch einen Hochfrequenzgenerator zwischen mehreren Stufen konstant gehalten werden. Der Grad der Nekrosebildung hängt zum Einen von der Leistung und zum Anderen von der Applikationsdauer ab. Im Allgemeinen kann man sagen, dass mit höherer Temperatur auch eine größere Nekrosenbildung hervorgerufen wird. Jedoch darf die Leistung nicht all´ zu groß gewählt werden, da dadurch Nebeneffekte entstehen können. Außerdem ist hierbei festzuhalten, dass die Erhöhung der Leistung eine stärkere Wirkung auf die Nekrosengröße zeigte als die Applikationsdauer, die empirisch festgelegt wird.

Aufgrund der konvexen Form der Katheterspitze kommt es durch das Blut als wärmeaufnehmendes Medium zu einem Wärmeverlust. Aus diesem Grund muss bei diesem Verfahren die Leistung und die Applikationsdauer empirisch ausgewählt werden. Hierdurch kam es bei 10 von 88 Untersuchungen einer Forschungsgruppe zur Karbonisierung des Myokards am Katheter und die damit eingehende Gasexplosion.[8]

6.2.1.2 RF-Ablation temperaturgesteuert

Im Gegensatz zur leistungsgesteuerten Ablation kann man bei diesem Verfahren die Temperatur am Hochfrequenzgenerator einstellen. Hierbei wird eine konstante Temperatur an der Katheterspitze - die ständig mit Hilfe eines Thermistors gemessen wird - eingestellt. Untersuchungen zufolge hatte die Applikationsdauer bei konstanter Temperatur keinen Einfluss auf die Nekrosengröße. Lediglich die eingestellte Temperatur war die Determinante. Eine Schädigung des Gewebes fängt bei 49° C an. Als ideal hat sich eine Temperatur zwischen 70°- 90° C herausgestellt. Der Hauptvorteil dieser Methode ist, dass die gewünschte Temperatur genau eingestellt und kontrolliert werden kann. Dies bedeutet im Umkehrschluss, dass erstens die ideale Temperatur zur Zerstörung des Gewebes eingestellt werden kann und zweitens unerwünschte Effekte wie oben beschrieben ausbleiben.

Wenn man die leistungs- und temperaturorientierte Ablation miteinander vergleicht, so liegen die Nekroseflächen im gleichen Größenordnungsbereich. Jedoch erzielt man der temperaturorientierten Methode eine Nebenwirkungsfreie Nekrosebildung ohne die oben genannten Effekte.[8]

6.2.1.3 Gepulste RF-Ablation

Mit dieser Methode hat man gehofft, dass nur ein geringer Temperaturanstieg an der endokardialen Oberfläche entsteht. Folglich wäre es möglich eine größere Energiemenge abzugeben und somit tiefere Läsionen zu erreichen. Einige Studien konnten sogar diese Hypothese beweisen. Neuere Studien von Nakagawa belegen, dass durch Abkühlung der Katheterspitze mit einer Kochsalzlösung größere Läsionen möglich sind. Dies resultiert daraus, dass die Energie länger appliziert werden kann und dadurch eine vollständige Gewebeschädigung hervorgerufen wird. Da dieses Verfahren sich noch in der Entwicklung und Erprobung befindet, ist der genaue Wirkungsgrad schlecht einschätzbar. Fest steht, dass das Verfahren weiterhin präzisiert werden muss.

6.2.2 Kryoablation

Entweder geht man mit Hitze dem verursachenden Gewebearealen ans Leib oder man entscheidet sich für die Methode der Hypothermie. Hierbei wird im Prinzip mit der gleichen wirkweise versucht die Rhytmusstörungen auszuschalten. Durch Kälte kann man abhängig von der Dauer und Temperatur eine Schädigung des Gewebes hervorrufen. Die angewandte Temperatur liegt zwischen -50° C bis -150° C bei einer Applikationsdauer von 0,5 bis 5 min. Die Kryoablation wurde jedoch bisher zum Setzen eines AV-Blocks oder zur Ablation atrialer oder ventrikulärer Tachykardien eingesetzt. Um die genaue Stelle der Arrhythmieursache ausfindig zu machen, wird vorher ein Kälte-Mapping gemacht. Bisher liegen jedoch nur Forschungsergebnisse zu tierexperimentellen Untersuchungen vor. Möglicherweise fand dieses Verfahren aufgrund seines geringen Wirkungsgrades kaum Einsatz in der Klinik.[8]

6.2.3 Chemische Ablation

Hierbei wird die Koronararterie, die das zu schädigende Gewebe mit Blut versorgt durch die chemische Ablation sklerosiert. Ein entsprechendes kryothermales Mapping ist notwendig. Bestimmte, zuvor ermittelte Koronararterien werden zunächst mit einer Kochsalzlösung auf 4° C abgekühlt, terminiert dabei die ventrikuläre Tachykardie, so wird dieser Koronarast mit einer 95%-igen Ethanol-Lösung sklerosiert. Klinisch wird dieses Verfahren kaum angewandt. Ungeklärt bei diesem Verfahren ist, ob durch den künstlich hervorgerufenen Myokardinfarkt neue arrythmogene Areale entstehen können.[8]

6.2.4 Cooled-Tip-Ablation

Um eine tiefe Läsion und weitreichende Gewebeerwärmung zu erreichen wurde die Cooled-Tip-Ablation entwickelt. Hiermit wurde das Problem der Karbonisierung und der damit eingehende Impedanzanstieg gelöst. Während der Ablation wird die Katheterspitze mit Kochsalzlösung gespült. Dadurch lassen sich abrupte Impedanzanstiege vermeiden. Durch die Kühlung wird eine höhere Energieabgabe gestattet. In Experimenten zeigten sich tiefere Läsionen durch Abkühlung der Katheterspitze. Ebenfalls wird eine Gold- anstatt von Platinspitze auf der Katheterspitze angebracht, damit eine besser Wärmeleitfähigkeit gegeben ist. Diese Methode wird bei Herzoperationen eingesetzt, bei dem der Patient mit tieferen Läsionen versorgt werden muss, um chronischen Vorhofflimmern entgegenzuwirken. Erfahrungen zufolge hat dieses Verfahren eine Erfolgsquote von 77 % und entspricht der normalen RF-Ablation.

Die Zurzeit laufenden Forschungen und Studien werden klären, ob diese Methode sich durchsetzen wird.[8]

6.2.5 Mikrowellen-Ablation

Dieses Verfahren beruht auf die Absorption ausgestrahlter Elektromagnetischer Wellen mit einer Frequenz von 915 oder 2450 MHz durch einen speziellen Katheter. Ein Kontakt zum Myokard muss daher nicht bestehen. Durch die elektromagnetische Energie werden die Wasserdipole in den Myokardzellen zum Schwingen gebracht, wodurch es zu einer molekularen Erwärmung kommt. Im Gegensatz zu den oben beschriebenen Verfahren hat der Katheter keine Spitze sondern eine Wendel. Durch eine tangentiale Positionierung des Katheters wird eine großflächige Läsion hervorgerufen. Der Vorteil bei diesem Verfahren ist, dass ein Kontakt zum Myokard nicht herrschen muss. Das Verfahren wurde zwar klinisch erprobt und bestätigt, doch die Datenlage ist unzureichend. Sodass weiterer Forschungsergebnisse abgewartet werden muss.

6.2.6 Ultraschall-Ablation

Der Ultraschall bietet eine weitere Energiequelle an, die für das Ultraschall-Ablationsverfahren eingesetzt wird. Mit Ultraschall kann man mechanische Druckwellen im Gewebe auslösen, die Ihre Energie im Myokard in Wärme umwandeln.

Das System besteht aus einem Transducer (Messfühler) und einer Energiequelle. Der Messfühler hat hierbei einen Durchmesser von 2,3 mm und hat eine Länge von 5 mm. Bei einer Frequenz von 10 MHz wird Erfahrungsberichten zufolge eine Läsion von 4,5 mm ± 1,2 mm Tiefe gesetzt. Es werden zwei Referenzkatheter ins Herz eingeführt, die je vier Messfühler enthalten. Dadurch wird eine Laufzeitmessung durchgeführt, sodass eine ziemlich präzise Ortung des arrythmogenen Areals erfolgt. Ist die Stelle erreicht, so wird Ultraschall ausgesendet, das durch Erwärmung die Zerstörung herbeiruft. Ein Nachteil bei diesem Verfahren ist, dass bei einer Dislokalisation des Referenzkatheters das Verfahren erneut beginnen werden muss, da eine repositionierung nicht möglich ist.

Es stehen leider bisher nur begrenzte Daten zu diesem Verfahren zu Verfügung. Daher kann die Wirkung nicht eindeutig beurteilt werden.

6.2.7 Laser-Ablation

Mit Hilfe von energiereichem Licht wird bei der Laser-Ablation am Myokard eine Photokoagulation verursacht. Die Gewebereaktion jedoch hängt von dem verwendeten Licht ab. Da dieses Verfahren ziemlich neu ist, liegen Erfahrungsberichte nur zum ND-(neodyniumrhyttriumaluminiumgarnet) und Argon-Laser vor. Der ND-Laser erzeugt tiefe Läsionen und wird insbesondere bei ventrikulären Tachykardien eingesetzt. Er hat bislang bei 94 % der Überlebenden Patienten einen Erfolg gezeigt. Der Argonlaser hingegen wird lediglich nur bei supraventrikulären Tachykardien eingesetzt. Weitere Lasersysteme für ventrikuläre Arrhythmien sind in der Entwicklung.

Der Gewebeeffekt des Lasers hängt von der Wellenlänge, der Pulsdauer und der Pulsrate ab. Ein großes Problem bei diesem Verfahren ist die Absorption des Lichtes durch das Blut. Aus diesem Grund muss die Katheterspitze während der Energieabgabe am Myokard anliegen. Eine Spülung der Spitze muss ebenfalls erfolgen.

7. Fazit

Während in den ersten Jahren der Mapping-Systeme ein großes Problem die röntgendurchleuchtenden Systeme mit hoher Strahlenbelastung waren, entwickelte man weniger Jahre später Systeme, die die Röntgendurchleuchtung mit Hilfe von Magnetfeldern oder elektrischen Feldern ablösten. Dies war eine kleine Revolution in der Kardiotechnik, die bis heute hochgeschätzt wird. Uns stehen einige Mapping-System zwar zur Verfügung, aber aufgrund fehlender Studien haben sich bisher nur die beiden hier vorgestellten Mapping-Systeme als Kliniktauglich erwiesen.[8]

Insbesondere bei den Ablationsverfahren wird in der Praxis fast nur die RF-Ablation angewandt, obwohl uns mittlerweile eine Vielzahl von unterschiedlichen Ablationsverfahren mit verschiedenen physikalischen Prinzipien zur Verfügung stehen. Der Grund hierfür liegt darin, dass die meisten Ablationsverfahren sich in der Forschung und Entwicklung befinden, sodass genaue Angaben über Wirksamkeit erst dann gemacht werden können, wenn Forschungs- und Erfahrungsberichte vorliegen.[9, 8] Es gibt leider nur eine begrenzet Anzahl an Studien und Veröffentlichungen, die jedoch mit unterschiedlichen Kriterien durchgeführt worden sind und somit miteinander nicht vergleichbar sind. Aufgrund der Tatsache, dass es sich hierbei sowohl beim Mapping als auch bei der RF-Ablation um relativ junge medizintechnische Untersuchungsverfahren handelt, wurden daher auch keine Langzeitstudien veröffentlicht.[7]

Die bisher veröffentlichen Studien zeigten jedoch, dass sich das Wohlbefinden der Betroffenen durch die Ablation erheblich bessert. Außerdem wurden Mapping-Systeme soweit entwickelt, dass ihre Abweichung vom ermittelten arrhytmogenen Areal unter 1 mm liegt, was natürlich eine hervorragende Messgenauigkeit darstellt. Auch das seit 1987 eingesetzte RF-Ablationsverfahren führte dazu, dass die Zerstörung krankhafter Areale im Endokard wirkungsvoller wurde. Dennoch muss man festhalten, dass die Behandlung von Vorhofflimmern mit Hilfe der Ablationsverfahren sich noch in der Entwicklung und Forschung befindet und demnach keine Behandlungsmöglichkeit der Wahl darstellt.

8. Textquellen

[1]	http://de.wikipedia.org/wiki/Herz
[2]	**Unser Kind hat einen Herzfehler: Informationen und Rat für Eltern** Deutsche Herzstiftung Catherine A. Neill, Edward B. Clark und Carleen Clark
[3]	**Physiologie des Menschen** Springer Verlag Schmidt, Lang, Thews
[4]	**Kurzlehrbuch Physiologie** Thieme Jens Huppelberg & Kerstin Walter
[5]	**Intensivkurs Physiologie** Urban & Fischer Christian Hick & Astrid Hick
[6]	**Rhytmusstörungen des Herzens** Georg Thieme Verlag R. Thorspecken und P. Hassenstein
[7]	**Interventionelle Therapie von Herzrhytmusstörungen** Thieme Verlag Bernd-Dieter Gonska
[8]	**Interventionelle kardiale Elektrophysiologie** Springer Verlag E. Hoffmann und G. Steinbeck
[9]	**Grundlagen und Praxis der Katheterablation in der Kardiologie** Uni-Med Prof. Dr. Karlheinz Seidl
[10]	**EKG-Kurs für Isabel** Thieme H.-P. Schuster, H.-J. Trappe
[11]	**Das EPU-Labor** Steinkopff Darmstadt Christine Schneider
[12]	**Technik in der Kardiologie** Springer Verlag A. Bolz & W. Urbaszek

9. Bildquellen

Abb. 1:	http://de.wikipedia.org/w/index.php?title=Datei:Diagram_of_the_human_heart_%28cropped%29_de.svg&filetimestamp=20080102235530
Abb. 2:	**Intensivkurs Physiologie** Urban & Fischer Christian Hick & Astrid Hick
Abb. 3:	**Intensivkurs Physiologie** Urban & Fischer Christian Hick & Astrid Hick
Abb. 4:	**EKG-Kurs für Isabel** Thieme Verlag Hans-Peter Schuster und Hans-Joachim Trappe